"十三五"国家重点图书出版规划项目
改革发展项目库2017年入库项目

"金土地"新农村书系·**果树编**

荔枝

新品种和高接换种技术图说

◎胡桂兵　黄旭明／主编

U0263188

SPM 南方出版传媒
广东科技出版社｜全国优秀出版社
·广　州·

图书在版编目（CIP）数据

荔枝新品种和高接换种技术图说/胡桂兵，黄旭明主编．—广州：广东科技出版社，2018.1（2023.9 重印）

（"金土地"新农村书系·果树编）

ISBN 978-7-5359-6820-3

Ⅰ．①荔…　Ⅱ．①胡…②黄…　Ⅲ．①荔枝—种质资源—图解②荔枝—果树园艺—图解　Ⅳ．①S667.1-64

中国版本图书馆CIP数据核字（2017）第294914号

荔枝新品种和高接换种技术图说
Lizhi Xin Pinzhong He Gaojie Huanzhong Jishu Tushuo

出 版 人：朱文清

责任编辑：尉义明　罗孝政

封面设计：柳国雄

责任校对：黄慧怡

责任印制：彭海波

出版发行：广东科技出版社

（广州市环市东路水荫路 11 号　邮政编码：510075）

销售热线：020-37607413

https://www.gdstp.com.cn

E-mail：gdkjbw@nfcb.com.cn

经　　销：广东新华发行集团股份有限公司

排　　版：创溢文化

印　　刷：广州市东盛彩印有限公司

（广州市增城区新塘镇太平十路二号　邮政编码：510700）

规　　格：889 mm×1 194 mm　1/32　印张3　字数80 千

版　　次：2018 年 1 月第 1 版

　　　　　2023 年 9 月第 4 次印刷

定　　价：19.80 元

内容简介

Neirongjianjie

本书介绍了 4 个通过全国热带作物品种审定委员会审定和 25 个通过广东、广西、福建、海南等省（区）审定的荔枝新品种及高接品种选择、高接换种前的准备、高接换种的时期、嫁接方法、高接换种后的栽培管理等高接换种技术。

本书编辑队伍强大，非常适应当前产业需求和供给侧改革需要，内容全面，图文并茂，科学性和实用性强，非常适合计划进行品种结构调整和高接换种的荔枝种植者及其他从业人员、荔枝研究人员、果树专业学生阅读参考。

前 言
Qianyan

荔枝是最具岭南特色的佳果，深受广大消费者喜爱。中国是荔枝的原产地之一，种质资源丰富，是世界第一大生产国，广东、广西、福建、海南、台湾、四川、云南、贵州和浙江等9个省（区）160多个县（市、区）均有种植，目前全国荔枝种植面积稳定在58万公顷，总产量150万~230万吨，面积和产量分别占全球的75%和70%以上。荔枝产业是我国南亚热带地区农业重要的支柱产业之一，是产区农民重要的经济来源，全国荔枝种植环节固定就业人口就有100多万人，荔枝产业直接带给农民增收150亿元以上，带动产业相关环节创造产值50亿元以上。广东荔枝面积和产量均超过全国50%，在全国具有举足轻重的影响。

但是，由于荔枝品种结构单一，劣质品种比例大，如荔枝品种中黑叶（乌叶）达12万公顷，怀枝（禾荔）5万公顷，分别占35%和14%，种植效益较低，影响了农户种植荔枝的积极性；再加上农民对荔枝新品种了解不多，品

种改良技术掌握不到位，因而制约了荔枝产业的提质增效。

　　为帮助广大果农及时了解荔枝新品种特征特性和高接换种技术，提高荔枝的效益，广东省农业厅组织华南农业大学、国家荔枝龙眼产业技术体系的岗位专家和各地荔枝产业体系综合试验站站长，编写了《荔枝新品种和高接换种技术图说》。我们期望本书的出版能够为荔枝产业的供给侧结构性改革提供支撑，为乡村振兴战略尽微薄之力。

编　者

2017 年 10 月

目 录

一、荔枝新品种

（一）国家审定品种

1. 井岗红糯

由华南农业大学园艺学院、广东省广州市从化区科技工业商务与信息化局、云南省农业科学院热带亚热带经济作物研究所选育。

⑧ 特征特性

迟熟，成熟期比怀枝迟 7~10 天；果实外观好，呈心形，果皮鲜红，果肉厚，爽脆，味清甜，兼有糯米糍的果实和桂味的肉质优点，裂果少，商品性好，品质优良，平均单果重 23.5 克；可溶性

图1 井岗红糯田间树形

固形物含量 19.2%，可食率 77.3%，焦核率 80% 左右。在生产上表现较抗荔枝霜霉病。

图 2　井岗红糯挂果状

✆ 产量表现

丰产稳产，产量与怀枝相当。经多年试验结果，高接树嫁接后第三年株产 10~15 千克，平均亩①产 220~320 千克，第四年株产约 20 千克，平均亩产 420 千克。

✆ 栽培要点

（1）选择怀枝作砧木的嫁接苗定植。

10 厘米

图 3　井岗红糯果实特写

（2）挖穴种植。穴深 80 厘米，长和宽各 100 厘米，种植规格 4 米 ×5 米左右，亩栽 33 株。

（3）施足基肥，勤施薄施追肥。

（4）保花保果。11 月中旬喷一次 15% 多效唑 300 倍液，12 月中旬喷一次乙烯利，用 40 毫升药剂兑水 50 千克。

---

① 1 亩 ≈ 667 米² = 1/15 公顷。

2. 马贵荔

由华南农业大学园艺学院、广东省高州市农业局、广东省高州市马贵镇人民政府选育。

☙ 特征特性

迟熟，成熟期多在 8 月中旬左右，比怀枝迟熟 10~15 天；树势生长较壮旺，树冠半圆头形，树干灰褐色；叶片椭圆形，叶较宽，急尖，叶片两缘较平滑，叶脉较突出，主脉稍带浅黄绿色；果实正心形，果色鲜红，龟裂片较平，果大，平均单果重 39.6 克，果实纵径 4.09 厘米，横径 4.24 厘米，侧径 3.98 厘米，果肉白蜡色，肉厚 1.06 厘米，肉质嫩滑，汁多味较甜；种子浅黑褐色，核重 3.4 克；可溶性固形物含量 16.5%~18.2%，可食率 72.9%，每 100 毫升果汁

图 4　马贵荔田间树形

图5 马贵荔挂果状　　　　　　图6 马贵荔果实特写

含酸 0.197 克、含糖 23.19 克。

☞ 产量表现

第三年普遍桂果，平均株产 5 千克；第四年平均株产 12 千克；第五年平均株产 31.2 千克。

☞ 栽培要点

（1）挖大穴，施足基肥，山地果园一般穴深 80~100 厘米，长和宽各 100 厘米；每穴施下腐熟农家肥 15 千克、绿肥 50 千克、生石灰 1.5 千克、磷肥 2 千克；山地种植可每亩 22 株（规格 6 米 ×5 米）。

（2）注重树冠管理，培养早结丰产树形。

（3）合理施肥，以有机肥和生物有机肥为主，注意促花肥、保果壮果肥、攻秋梢肥，增施过冬肥。

3. 贵妃红

由广西农业科学院园艺研究所选育。

❀ 特征特性

树势较强，树冠圆头形，树姿开张，主干灰白色、表皮质地光滑，嫩梢黄绿色，枝梢斜生、粗壮，枝梢节密度中等，皮孔竖长形，中等大，密；小叶对生，对数 2~3 对，叶片长椭圆形，叶尖渐尖，叶基短楔形，叶缘微波浪；果实心脏形，果肩一边隆起一边平，梗洼突出，果顶钝圆，果皮鲜红色，龟裂片大，排列不整齐，平坦或隆起，果实大，平均单果重 35.4 克，纵径、大横径和小横径分别为 3.59 厘米、4.24 厘米、4.08 厘米，果实硬，果皮很厚，为 0.23 厘米，果肉半透明、味甜、香气中等，果肉质地细

图 7　贵妃红田间树形

嫩、多汁；可溶性固形物含量18.7%，果肉厚，可食率为73.5%，种子不规则，有长椭圆形、椭圆形，黑褐色，有核纹，焦核率为46.0%，种子重占果重的4.6%。

图8　贵妃红挂果状

❀ 产量表现

嫁接苗定植后第三年可结果，每株产2千克以上；八年生树平均株产42千克。

❀ 栽培要点

（1）培养嫁接苗宜采用大造、禾荔作砧木。

├──────────────10厘米

图9　贵妃红果实特写

（2）树形修剪：幼年树时要重视整形修剪，定干高度约离地面30~40厘米，培养分布均匀的3~4个主枝，采用"宜轻不宜重，宜少不宜多"的修剪原则，培养成丰产树冠。

（3）注意保花保果：长势较旺的幼龄树要注意控穗或短截花穗；花期遇干旱要适当喷清水；幼果期要注意保果，开花期果园放蜂以提高坐果率，适当疏果，每穗可留4~6个果。

4. 红绣球

由广东省农业科学院果树研究所、广东省东莞市农业技术推广服务中心、广东省东莞市大朗镇人民政府选育。

☙ 特征特性

开花期4月上中旬，成熟期7月上旬；树冠半开张，树势中等；果实短心形，龟裂片乳状隆起，峰钝，裂纹深、窄，缝合线宽、浅，果肩耸起，果梗较粗，果顶浑圆，果肉质黄蜡色，汁多，有蜜香味，果皮颜色鲜红，较厚，平均单果重32~35克；可食部分占全果重75%~80.5%，可溶性固形物含量18.1%~21.5%，焦核率70%~80%；裂果少，丰产稳产，属果大、优质、少裂品种。

图10　红绣球田间树形

图 11　红绣球挂果状

ᗒ 产量表现

三年生树单株产量 3~5 千克，八年生树可达 100 千克。

ᗒ 栽培要点

（1）选择品种纯正的红绣球荔枝种苗，按要求规格种植和管理。

（2）合理整形修剪，培养壮旺的树冠。

（3）培养适时健壮的秋梢结果母枝。

（4）控冬梢，促进花芽分化，培养健壮、花量适中的花穗，提高成花率。

（5）实施壮花、保果，提高品质综合农业技术措施。

10 厘米

图 12　红绣球果实特写

（二）省（区）审定品种

1.脆绿

由广东省珠海市果树科学技术推广站、广东省珠海市斗门区水果科学研究所、华南农业大学园艺学院、广东省珠海市斗门区农业局白蕉农业技术站选育。

∞ 特征特性

果实成熟期6月中、下旬，大小年结果现象不明显；树冠开张，树势中等，幼树易形成树冠；叶较宽；花序较长；果实扁心形，果皮绿里带红，果肉脆，乳白色，果实大小均匀，平均单果重

图13 脆绿田间树形

26.3 克；可溶性固形物含量 18.2%，可食率 74.9%；丰产，较稳产。砧（怀枝）穗亲和力强，嫁接成活率高，结果早，坐果能力强，裂果少。

图 14　脆绿挂果状

产量表现

经多年多点试种试验，定植后 3 年开始挂果，五年生树平均株产 8 千克，二十年生树平均株产 41 千克。

栽培要点

（1）选择丘陵山坡地或地下水位较低的平地种植。定植时选以怀枝作砧木的嫁接苗较适宜。

（2）挖穴种植。穴深 60 厘米，长、宽各 80 厘米，株行距 4.5 米 ×5 米，亩种 33 株。

（3）施足基肥、及时追肥。定植时每穴施腐熟猪牛粪 20 千克或鸡粪 15 千克、过磷酸钙 1 千克、生石灰 0.5 千克。

（4）幼树修剪和树冠培养。幼龄树应进行摘心短截，控制枝梢长度，促进多分枝。

（5）秋梢培养。结果树末次秋梢在 11 月底老熟最理想。

图 15　脆绿果实特写

2. 荷花大红荔

由华南农业大学园艺学院、广东省东莞市林业科学研究所、广东省高州市水果局、广东省高州市荷花镇人民政府选育。

☙ 特征特性

结果早，6月中下旬成熟，比怀枝早熟5~7天；果特大，果实正心形，果皮色泽鲜红，龟裂片平而宽，排列整齐，片锋平滑，肉质脆嫩、味清甜，品质优，平均单果重48克；可溶性固形物含量16.8%，可食率76.9%。

图 16　荷花大红荔田间树形

图 17 荷花大红荔挂果状

10 厘米

图 18 荷花大红荔果实特写

❧ 产量表现

在东莞种植，定植后第三年开始开花结果，四年生树单株产量7.5 千克。

❧ 栽培要点

（1）选丘陵山坡地种植，种植前对土壤进行改良，分层施入腐熟有机肥。

（2）选用怀枝作砧木的优质无病壮苗，挖大穴种植，穴深60~80 厘米，长和宽各 100 厘米。

（3）培养丰产型树冠。每年促生 5~6 次新梢，每次新梢均进行摘心或短截。

3. 岭丰糯

由广东省东莞市农业科学研究中心、华南农业大学园艺学院、广东省东莞市逸品食品有限公司选育。

☙ 特征特性

迟熟，在东莞种植成熟期比当地糯米糍迟 7~10 天；果实外形与糯米糍相似，焦核率 90% 以上，平均单果重 21.5 克；可食率 74.5%；可溶性固形物含量 19.0%，可滴定酸含量 0.16%，每 100 克果肉维生素 C 含量 24.9 毫克；裂果率低，一般年份在 10% 以内；与糯米糍、怀枝、鹅蛋荔、白糖罂等嫁接亲和性好。

图 19 岭丰糯田间树形

✂ 产量表现

在东莞市多点多年试种，二十年生圈枝苗种植的2006—2008年年平均亩产1 092千克，二十年生高接树2006—2008年平均株产59千克。

图20　岭丰糯挂果状（左边为糯米糍荔枝）

图21　岭丰糯果实特写

✂ 栽培要点

（1）选怀枝、糯米糍、桂味作砧木，在春季或秋季进行嫁接育苗或高接换种。

（2）选择25°以内的坡地种植，裸苗于3—5月、袋苗于3—11月定植，移植前挖深坑及施足基肥，株距4~5米，行距6~7米，每亩种18~20株。

（3）全年主要施肥3次，即开花肥、基肥和保果壮果肥。

（4）培养健壮秋梢结果母枝，11月底或12月初进行环割促花。

4. 庙种糯

由华南农业大学园艺学院选育。

❧ 特征特性

迟熟，果实6月底至7月上旬成熟；果实正心形、中等大，果皮浅红色，果肉爽嫩，味清甜，品质较优，平均单果重17~20.6克；可溶性固形物含量17.5%，可滴定酸含量0.14%，总糖含量14.3%，还原糖含量9.76%，每100克果肉维生素C含量21毫克，可食率79%，焦核率90%以上，裂果少。

❧ 产量表现

嫁接苗七年生树平均株产18千克，折合亩产360千克；圈枝苗十年生树平均株产28千克，折合亩产560千克。

图22　庙种糯田间树形

图23 庙种糯挂果状

✑ 栽培要点

（1）嫁接育苗或高接换种，适宜砧木及换种对象为怀枝、糯米糍、桂味等，宜在春、秋季进行。

（2）选择25°以内的坡地春季种植，挖宽1米、深0.6米的种植坑并下足基肥，株距4~5米，行距5~6米，每亩种植22~33株。

（3）采收后培养2次健壮的秋梢，以11月中上旬充分老熟的末次秋梢作为翌年的结果母枝，秋梢老熟后应及时控梢，11月底或12月初环割主枝。

10厘米

图24 庙种糯果实特写

5. 观音绿

由广东省东莞市樟木头镇农业办公室、华南农业大学园艺学院、广东省东莞市樟木头镇金河社区、广东省东莞市农业技术推广管理办公室选育。

✑ 特征特性

迟熟，果实于7月上旬成熟，比糯米糍迟7~10天；树势较旺，树冠半圆球形；果实中等大，卵圆形，果肩较平，龟裂片微隆，片峰平滑，缝合线颜色绿黄色，果皮黄红色，果肉细软，味清甜带香味，品质特优，单果重21~25克；可溶性固形物含量18.5%，还原糖9.43%，可滴定酸低，为0.084 4%，可食率达81.6%，焦核率95%。

✑ 产量表现

四年生树平均株产8.6千克。在十五年生的糯米糍树上高接该

图25 观音绿田间树形

图27　观音绿果实特写（红色果为糯米糍荔枝）

图26　观音绿挂果状

图28　观音绿果实特写

品种，高接后第四年株产约30千克。

❧ 栽培要点

（1）选择怀枝作嫁接砧木，春季或秋季嫁接。

（2）丘陵山坡地在种植前进行深翻改土，挖深、长和宽各80厘米种植坑，分层施入有机肥，当苗高50厘米时便可移植，株行距5米×6米，每亩种植约22株。

（3）每次新梢抽出后进行摘心或短截，秋梢结果母枝老熟后应进行制水、制肥，12月上中旬进行环剥控梢促花。

（4）果实发育期合理施肥，抑制夏梢的生长。

（5）枝梢生长和果实发育期注意防治霜疫霉病及蒂蛀虫等病虫害。

6. 唐夏红

由华南农业大学、广东省东莞市塘厦远昌果场、广东省东莞市农业科学研究中心选育。

❧ 特征特性

果实 6 月下旬成熟；果实短心脏形，果皮红色，肉厚，质软滑，味清甜，香气浓郁，平均单果重 27.1 克；可食率 76.4%，焦核率 51%，可溶性固形物含量 18.5%，总糖含量 15.6%，可滴定酸含量 0.14%，每 100 克果肉维生素 C 含量 22.5 毫克。

❧ 产量表现

丰产稳产，高接树第二年、第三年平均单株产量分别为 44.5 千克和 40.1 千克，折合亩产分别为 979.0 千克和 882.2 千克，无

图 29 唐夏红田间树形

明显的大小年结果现象。

❧ 栽培要点

（1）选择怀枝作嫁接砧木，春季或秋季嫁接。

（2）丘陵山坡地在种植前进行深翻改土，挖深坑种植，分层施入有机肥，当苗高50厘米时便可移植，株行距5米×6米，每亩种植约22株。

（3）结果树在采果后一个月内完成修剪，8月中上旬及9月底或10月初各放1次梢。

（4）秋梢老熟后，在主干或二级

图30　唐夏红挂果状

图31　唐夏红果实特写

枝进行环割控梢促花，果实发育期合理施肥，抑制夏梢的生长，第二次生理落果后进行疏果，每穗留8~10个果。

（5）枝梢生长和果实发育期注意防治霜疫霉病及蒂蛀虫等病虫害。

7. 钦州红荔

由广西壮族自治区钦州市水果局、广西壮族自治区钦州钦北区人民政府选育。

✿ 特征特性

中熟品种，盛花期 4 月上旬，果实熟期 6 月中下旬，比黑叶荔迟熟 5 天左右；树冠圆形，树干灰褐色，表皮光滑，枝条较粗壮和开张，新枝梢黄褐色，斑点较密、中等大；叶片大而厚，小叶对数 2~4 对，长椭圆形，稍向内折，叶尖渐尖，叶基阔楔形；果形特大，近圆形，纵径 4.4 厘米，横径 4.9 厘米，果肩平，果皮鲜红色，缝合线不明显，龟裂片平滑，排列整齐，果蒂和果肩平，果顶浑圆，果肉蜡白色，爽脆，汁多而不流，味甜带蜜味，平均单果重 44.7 克；

图 32 钦州红荔田间树形

可溶性固形物含量16.5~18.8%，可食率78.8%~88.3%，焦核率36.15%~48.00%。

图33　钦州红荔挂果状

☙ 产量表现

1994—1996 年连续3年分别对十二年生、十三年生、十四年生树的产量调查、验收，单株产量分别为98千克、138千克、106千克。

图34　钦州红荔果实特写

☙ 栽培要点

①该品种粗生，抗逆性较强，宜山地栽培，株行距为4米×5米。

②挖大坑和及早深翻改土，重施有机肥，配方施肥，适度增施磷钾肥。

③适度疏芽留梢，促进幼树迅速扩大树冠早投产。

④促秋梢，末次秋梢在钦州宜9月中下旬放出，然后控冬梢，保花保果。

8. 双肩玉荷包

由广东省阳江市阳东区农业技术推广中心选育。

❧ 特征特性

迟熟，6 月中下旬至 7 月上中旬成熟；种性稳定，分枝力中等，枝条均匀，粗壮，叶片中等大，瓦楞形；花量适中，雌花率高；果大，果形圆正，果色鲜红间少许绿或蜡黄，果实双肩隆起，外果皮厚，少裂果，耐贮运，果肉厚，坚实，晶莹透明，肉脆，味清甜，糖酸比例合适，单果重 25~34 克；可溶性固形物含量 18.4%~20%，总糖含量 16.4%，其中还原糖含量 12.46%，每 100 克含维生素 C 50.2 毫克，固酸比为 159.2∶1，口感好，可食率 73.7%；品质明显比怀枝、黑叶优，适应性强。

图 35　双肩玉荷包田间树形

图36　双肩玉荷包挂果状

ଔ 产量表现

丰产稳产性好，
幼龄树、中龄树、老
龄树都能获得丰产。
单株产量三年生树可
达12千克，五年生
树可达32千克，八
年生以上树每亩产量
1 000~1 500千克。

图37　双肩玉荷包果实特写

ଔ 栽培要点

（1）培养健壮的秋梢结果母枝，控冬梢。

（2）采取促花、壮花、保花、保果等综合技术措施。

9. 草莓荔

由广西农业科学院园艺研究所、广西壮族自治区灵山县科学技术局、广西壮族自治区灵山县水果局选育。

○§ 特征特性

花期 3 月底至 4 月下旬，果实成熟期为 7 月中下旬；树冠圆头形，树姿开张，主干灰褐色，表皮质地光滑，嫩梢黄绿色，枝梢节密度中等，皮孔竖长形，密度中等而小；小叶对生，对数 2~4 对，多为 3 对，叶片长椭圆形，深沟槽，平滑，叶片厚，叶尖急尖，叶基短楔形，光泽明显，侧脉明显；有雄花、雌花、两性花三种；果实长心形，果肩平，梗洼浅，果顶尖圆，缝合线浅、红色，果皮向阳面红色，背阳面黄绿色，龟裂片大，排列整齐，隆起，龟裂片峰钝尖或钝圆，裂纹宽度中等，纵径、大横径和小横径分别为 3.66 厘

图 38　草莓荔田间树形

米、3.95 厘米、3.61 厘米，果肉厚，半透明，蜡黄色，味清甜，风味佳，微有香味，平均单果重 27.5 克；可溶性固形物含量 17.73%，可食率为 77.94%，焦核率为 97.0%，种子多数发育不良。

图 39　草莓荔挂果状

❧ 产量表现

嫁接苗定植后第三年可结果，株产 5 千克以上，八年生树平均株产 48 千克。

❧ 栽培要点

（1）定植行株距 5 米 × 4 米。挖大小为 1 米 × 1 米 × 1 米的种植坑，穴中施入腐熟的有机肥 150~200 千克，加入 0.5~1 千克过磷酸钙。

10 厘米

图 40　草莓荔果实特写

（2）定干高度地面 30~40 厘米，培养分布均匀的 3~4 个主枝，培养成圆头形的丰产树冠。

（3）幼果期要注意保果，开花期果园放蜂以提高坐果率；5 月初疏除畸形果、病虫果。

（4）幼龄树以攻梢追肥为主，枝梢顶芽萌动时及新梢伸长停止、叶色开始转绿时各施肥一次；结果树施肥要注意施花前肥、壮果肥和促梢肥。

10. 桂糯

由广西农业科学院园艺研究所、广西壮族自治区钦州市钦北区水果局选育。

❧ 特征特性

花期为 3 月下旬至 4 月上旬，果实成熟期为 6 月中下旬；树冠半圆头形，树姿开张，主干灰褐色、表皮质地光滑，皮孔竖长形，中等大，密；小叶对生，对数 2~4 对，多为 3 对，叶片长椭圆形，浅内卷，叶尖渐尖，叶基楔形，叶缘平直，有雄花、雌花、两性花三种；果实短心形，果肩两边隆起，梗洼下陷，果顶浑圆，果皮暗红色，较艳丽，缝合线浅，暗红，龟裂片大，平坦，龟裂片峰平滑（无明显峰突），果实纵径 3.54 厘米，大横径 4.27 厘米，小

图 41　桂糯田间树形

图 42 桂糯挂果状

横径 3.96 厘米，果实较硬，皮厚 0.13 厘米，果肉厚，半透明，甜带微酸，微有香气，质地干苞、爽脆，不流汁，平均单果重 37.02 克；可溶性固形物含量 18.55%，可食率为 73.36%。

图 43 桂糯果实特写

ᦓ 产量表现

嫁接苗定植后第三年可结果，盛产期株产 50~100 千克。

ᦓ 栽培要点

参照一般荔枝栽培。

11. 大丁香

由海南省农业科学院经济作物研究所、海南省儋州市和庆美万新村、海南省琼山区水果研究所、海南省农垦总局选育。

☙ 特征特性

果实成熟期为 7 月下旬；树姿开张，紧凑，树势较强，新梢抽发能力强，结果母枝以秋梢为主；果实较大，果歪心形或心形，红色，果肩微耸，果顶浑圆，龟裂片乳状隆起，裂片峰钝尖，缝合线明显，果皮红色，果肉乳白色，果肉质地细嫩，较脆，味清甜，具

图 44　大丁香田间树形

香气，单果重 28.7 克；可食率 74.2%，种子焦核或中核，焦核率 90.9%，总糖含量 14.0%，糖酸比 47∶1，每 100 克果肉维生素 C 含量 26.0 毫克。

☙ 产量表现

经厦门、漳州、福清、宁德等地多年多点试种，嫁接苗定植 3 年后株产可达 10 千克。

☙ 栽培要点

（1）选择通透性较好、排灌良好、坡度在 25° 以下，阳坡面风小或背风的山地或平地建园。

（2）种植株行距 4 米 ×（4~5）米。

（3）以培养矮化、枝干分布均匀的开张性半球形树冠为佳。

（4）控冬梢促花、适当剪穗减少花量，注意克服大小果、裂果等现象。

图 45　大丁香挂果状

图 46　大丁香果实特写

12. 英山红

由广西壮族自治区钦州市水果局、广西农业科学院园艺研究所、广西壮族自治区钦州市钦北区水果局选育。

❀ 特征特性

花期为3月下旬至4月上中旬，果实成熟期为6月下旬；树势健壮，树冠圆头形，树姿开张，主干灰褐色，皮光滑，枝梢斜生、粗壮，平均节间长3.8厘米，皮孔短圆形、中等大、密；小叶对生，对数2~3对，多为3对，叶片长椭圆形，浅内卷，叶尖长尾尖，叶基偏斜形，叶缘平直，侧脉不明显；果实扁卵形，果肩平，梗洼微凹，果顶钝圆，果皮鲜红色，较艳丽，缝合线明显，龟裂片中等大，隆起，龟裂片峰乳头状突起，果实中等大，纵径3.61厘米，横径3.51厘米，果肉厚，干苞，爽脆，不流汁，有香气，平

图47　英山红田间树形

图48 英山红挂果状

图49 英山红果实特写

均单果重22克；可溶性固形物含量19.5%，可食率为73.8%，焦核率51%。

Ꮿ 产量表现

5个点试验结果：三年生树平均株产6.2千克，四年生树平均株产9.6千克，五年生树平均株产15.5千克，六年生树平均株产达19千克，七年生树平均株产达25千克，八年生树平均株产达33千克，九年生树平均株产达37千克，十年生树平均株产38.8千克。

Ꮿ 栽培要点

（1）嫁接苗宜采用禾荔作砧木。

（2）行株距5米×4米。

（3）培养结果母枝。末次秋梢抽出后不能再施氮肥。

（4）控梢促花保果。

（5）重点抓好壮花肥、壮果肥、采果前肥和攻秋梢肥的施用。

（6）要注意防治荔枝霜疫霉病，3—4月注意防治荔枝椿象，果实开始着色时注意防治蒂蛀虫。

13. 南岛无核

由福建省种植业技术推广总站、福建省厦门市农业技术推广中心、福建省厦门市集美区农业局从海南引种后选育。

☙ 特征特性

花期 4 月，果实成熟期 7 月中、下旬，晚熟，比兰竹迟 10 天左右；树形紧凑，长势偏弱，新梢抽发较缓，结果母枝以秋梢为主；花穗为长穗型，花量大，雌雄花在花期中多次相遇，坐果率较高；果实较大，果近圆形，果肩微耸，果顶浑圆，龟裂片乳状隆起，裂片峰钝，缝合线明显，皮红色带绿，果肉色泽乳白，果肉质地软滑多汁，味清甜，品质优，无核（种子均退化成痕迹状）；单果重 21.9 克；可溶性固形物含量 14.5%，可食率 79.0%。

图 50　南岛无核田间树形

❧ 产量表现

经厦门、漳州、福州、宁德等地多年多点试种，五年生树平均株产量13.28千克。

❧ 栽培要点

（1）选择无霜冻的地点建园，定植株行距4米×（4~5）米。

（2）以开张半球形树冠为佳，控冬梢促花、适当剪穗减少花量，不宜环剥控梢。

（3）重施采果肥，注意病虫害防治。

图51　南岛无核挂果状

图52　南岛无核果实特写

14. 紫娘喜

由福建省种植业技术推广总站、福建省厦门市农业技术推广中心、福建省厦门市集美区农业局从海南引种后选育。

☙ 特征特性

花期 4 月，果实成熟期 7 月中、下旬；树势中庸，幼树生长迅速，新梢抽发能力强；花穗为长穗型，花量大，雌雄不遇，有大小年结果现象；果实特大，歪心形，果肩微耸，果顶尖圆，龟裂片大而隆起，成长多角形，排列不整齐，裂片峰钝，缝合线微凹，皮紫红色，果皮较厚，果肉乳白色，质地嫩滑多汁，味酸甜稍淡，单果重 42.3 克；种子呈卵形，大而饱满；可溶性固形物含量 13.1%，

图 53　紫娘喜田间树形

品质中上，可食率68.2%；早实性、丰产性好，适应性广，抗逆性较强，较耐贮运。

🕉 产量表现

经厦门、漳州、福州、宁德等地多年多点试种，六年生树平均株产量13.35千克。

🕉 栽培要点

（1）选择无霜冻的地点建园，定植株行距4米×（4~5）米。

（2）以开张半球形树冠为佳。

图54　紫娘喜挂果状

10厘米

图55　紫娘喜果实特写

（3）单一品种种植，注意授粉品种配置。

（4）控冬梢促花，但不宜用乙烯利控梢。

（5）适当剪穗减少花量，重施采果肥，注意病虫害防治。

15. 北通红

由广西壮族自治区钦州市钦北区农业局、广西农业科学院园艺研究所、广西壮族自治区钦州市水果局选育。

❀ 特征特性

树冠圆头形，树干表面光滑；小叶对生，对数 2~3 对，多为 3 对，叶片长椭圆形，浅内卷，叶尖长尾尖，叶基楔形，侧脉不明显；有雄花、雌花、两性花三种；果实卵圆形，果肩一平一隆起，果顶钝圆，皮色红带微黄，缝合线红色，深度浅，宽度中等，龟裂片排列不整齐，中大，锥尖状突起，龟裂峰锐尖，龟裂纹明显，平均穗重 191.9 克，果实大，平均单果重 31.6 克；果肉质地爽脆，可溶性固形物含量 18.1%，可食率为 75.8%，小核率 26.7%。

图 56 北通红田间树形

图 57　北通红挂果状

图 58　北通红果实特写

10 厘米

☙ 产量表现

三年生树平均株产 2.5 千克，五年生树平均株产 10 千克，八年生树平均株产达 30 千克，十二年生树平均株产达 50 千克，十六年生树平均株产 70 千克。

☙ 栽培要点

（1）培养嫁接苗宜采用怀枝（禾荔）作砧木，行株距 5 米 × 4 米，亩植 22 株。

（2）定干高度 30~40 厘米，培养分布均匀的 3~4 个主枝。

（3）培养结果母枝，要求采果后抽出 2 次秋梢，梢期遇旱及时灌水，并适当增施磷、钾肥。

（4）控梢促花保果。末次梢转绿老熟后喷布适宜浓度的乙烯利和多效唑控冬梢。长势较旺的幼龄树要注意控穗或短截花穗，花期遇干旱要适当喷清水，同时引蜂授粉，谢花后喷 1~2 次"九二〇"保果。

（5）重点抓好壮花肥、壮果肥、采果前肥和攻秋梢肥的施用，土施与根外追肥相结合。以有机肥为主，配施速效氮、钾肥。

16. 凤山红灯笼

由广东省农业科学院果树研究所、广东省汕尾市果树研究所、崔保国（果农）、陈泉（果农）选育。

☙ 特征特性

果实 6 月下旬成熟；树势旺盛，枝梢较长，树冠开张；果实正心形，中等大，皮色鲜红，果肉爽脆细嫩，味清甜，品质优良，平均单果重 25.5 克；可溶性固形物含量 15.8%，总糖含量 14.0%，每 100 克果肉维生素 C 含量 14.9 毫克，焦核率 82% 以上，可食率 80%，果皮较厚，裂果率低。

☙ 产量表现

高接后第三年、第四年和第五年平均株产分别为 6.7 千克、9.3 千克和 12.5 千克，折合亩产分别为 221.1 千克、306.9 千克和 412.5 千克。

图 59　凤山红灯笼田间树形

❀ 栽培要点

（1）选用黑叶、白蜡、怀枝、雪怀子作砧木（以妃子笑为砧木嫁接亲和性差），春季气温回暖后进行嫁接。

图60　凤山红灯笼挂果状

（2）选地下水位较低的低坡地建园，挖深穴施足基肥。

（3）幼龄树高30~50厘米定干，培养3~5条长势壮旺的主枝，于主枝20厘米处进行摘心。

（4）采果后及时进行施肥，选留9月底至10月上旬抽生秋梢作为结果母枝。

（5）冬季要采取环剥，喷施生长调节剂和细胞分裂素进行促花。

（6）现蕾后施壮花肥，坐果后施壮果肥2~3次。

10厘米

图61　凤山红灯笼果实特写

17. 仙进奉

由广东省农业科学院果树研究所、广东省广州市增城区农业技术推广中心、广东省广州市增城区新塘镇农业办公室选育。

∽ 特征特性

迟熟，果实在 7 月上中旬成熟，比糯米糍迟熟 7~10 天；树冠半圆头形，较开张，树势中等；果实扁心形和心形，果肩耸起，果皮颜色鲜红，皮厚而韧，裂果少，果较大，果肉厚，蜡黄色，有蜜香味，味清甜，平均单果重 25 克；可溶性固形物含量 19.1%，总糖含量 16.2%，每 100 克果肉维生素 C 含量 30 毫克，可食率达 79%，焦核率达 85%。

图 62　仙进奉田间树形

图 63　仙进奉挂果状

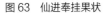
10厘米

图 64　仙进奉果实特写

❧ 产量表现

三年生、四年生、五年生嫁接树平均株产分别为 4~5 千克、10~15 千克和 15~25 千克，折合亩产分别为 120~150 千克、300~450 千克和 450~750 千克。

❧ 栽培要点

（1）选择亲和性较好的怀枝或糯米糍做嫁接贴木，也可选择怀枝、糯米糍、妃子笑等成年树进行高接换种，嫁接时间最好在 9 月，或选择在雨水较少季节进行。

（2）幼年树主干高 40~50 厘米，选留 3~4 健壮主枝，其他枝条一律剪除，培养丰产型树冠。

（3）10 月前抽出的秋梢是下年的结果母枝，注意培养和保护。11 月抽出嫩梢则采用人工抹梢或化学药剂杀除。

（4）加强对荔枝蒂蛀虫的综合防治。

18. 岵山晚荔

由福建省永春县利鹏园艺场、福建农林大学园艺产品贮运保鲜研究所、福建省永春县岵山茂霞联兴水果示范场选育。

∽ 特征特性

花期 3 月中旬至 4 月上旬,果实成熟期 7 月底,比岵山荔枝迟熟 10 天左右;树势中庸,树冠开张,半圆头形,干性较弱;果实心脏形,少数卵圆形,果顶尖或浑圆,龟裂片小,刺尖,果皮鲜红色,皮薄,内果皮粉红色,果肉为半透明状,细嫩,汁多,易流汁,风味佳,品质优,单果重 16~25 克;焦核率 80% 以上,可食率 75.5%,可溶性固形物含量 18.65%,总糖含量 9.1%。

图 65 岵山晚荔田间树形

图66 岵山晚荔挂果状

↷ 产量表现

经泉州等地多年多点试种，投产树亩产800千克以上。

图67 岵山晚荔果实特写

↷ 栽培要点

（1）选择土壤疏松肥沃、土层深厚、有机质含量高的缓坡地或低丘陵山地建园。

（2）定植株距4~5米，行距6~8米。

（3）培养自然开心形树冠。

19. 桂早荔

由广西农业科学院园艺研究所、广西壮族自治区灵山县水果局选育。

☙ 特征特性

树冠圆头形，树干表面光滑，呈灰褐色，一年生枝梢节间长 6.5 厘米，皮孔短圆形，密；小叶立面互生，对数 2~3 对，多为 3 对，复叶柄横断面扁圆形，小叶长椭圆形，叶尖长尾尖，叶基楔形，叶缘呈波浪状，侧脉不明显；花序形状为长圆锥形，有雄花、雌花、两性花三种；果实卵圆形，纵径 36.65 毫米，大横径 36.80 毫米，小横径 32.98 毫米，果肩一平一隆起，果顶浑圆，果皮鲜红，厚度 1.00 毫米，果皮缝合线红色，深度浅，宽度窄，龟裂片排列不整齐，中等大，呈平滑或锥尖状突起，龟裂片峰形状平滑或锐尖，龟裂片放射纹明显，龟裂纹明显，深度浅，宽度中等，果肉质地软滑，果

图 68　桂早荔田间树形

肉蜡白色，色泽均匀，无杂色，干苞不流汁，平均单果重 26.7 克；可溶性固形物含量 19.0%，味甜有蜜香；果肉厚 7.71 毫米，可食率为 67.2%。

图 69　桂早荔挂果状

☞ 产量表现

灵山县佛子镇 1996 年试种用桂早荔荔枝母树驳枝繁殖的驳枝苗，2011 年平均株产 97.5 千克。2002 年，种植桂早荔荔枝驳枝，2011 年平均株产达 57 千克。2003—2006 年，试种用桂早荔荔枝芽条高接换种黑叶荔枝，2011 年平均株产 63.5~75 千克，亩产 1 650 千克。

图 70　桂早荔果实特写

☞ 栽培要点

（1）行株距 6 米×5 米。种植坑为 1 米×1 米×1 米，穴中施入有机肥，并在基肥中加入 0.5~1 千克钙镁磷肥。

（2）定干高度 30~40 厘米，培养分布均匀的 3~4 个主枝。

（3）培养采果后抽出 2 次秋梢作为结果母枝。

（4）控末次梢转绿老熟后喷布适宜浓度的乙烯利和多效唑控冬梢并促进成花。

（5）重点抓好壮花肥、壮果肥、采果前肥和攻秋梢肥的施用，土施与根外追肥相结合。

20. 御金球

由广东省农业科学院果树研究所、广东省珠海市果树科学技术推广站、广东省珠海市斗门区水果科学研究所选育。

❧ 特征特性

果实 6 月下旬成熟；果实中等大，圆球形，果皮鲜红，微带金黄色，小核率 25%~80%，品质优，肉质嫩滑，风味浓郁；理化品质检测结果：可溶性固形物含量 19.9%~20.3%，总糖含量 15.7%~16.9%，每 100 克果肉维生素 C 含量 35.3~37.3 毫克。

❧ 产量表现

嫁接苗种植第三年、第四年和第五年生树平均单株产量分别为 3.7 千克、6.5 千克和 9.6 千克，折合亩产量分别为 111 千克、195 千克和 288 千克。

图71　御金球田间树形

图72　御金球挂果状

∞ 栽培要点

（1）选择怀枝、黑叶作嫁接砧木，春季或秋季嫁接。

（2）丘陵山坡地在种植前进行深翻改土，挖深、长和宽各80厘米种植坑，分层施入有机肥。

10厘米

图73　御金球果实特写

（3）嫁接苗高50厘米时便可移植，株行距5米×6米，每亩种植约22株。

（4）秋梢结果母枝老熟后进行制水制肥，12月上中旬进行控梢促花。

（5）果实发育期合理施肥，抑制夏梢的生长，5月上旬左右适当疏果。

21. 新球蜜荔

由海口雷虎果业有限公司、中国热带农业科学院热带作物品种资源研究所、中国热带农业科学院环境与植物保护研究所选育。

❧ 特征特性

树冠圆头形，树势弱；叶片长椭圆形，小叶 3~4 对，对生；果实扁心形，成熟果实果皮黄绿色，果肩一高一低，缝合线细而明显，稍凹，果顶钝圆，龟裂片平滑，大，不整齐，顶部龟裂片密集而隆起，裂片峰平滑，偶有微尖，顶部钝尖，果柄斜生，果皮较厚，果实长 4.12 厘米，宽 4.21 厘米，果蒂平均长 0.59 厘米，宽 0.34 厘米，果蒂柱与果肉易分离，果肉米黄色，脆而无渣，果汁多而清甜，具有蜂蜜香味，平均单果重 32.56 克；可食率 71.39%，可溶性固形物含量 18.25%，大核，平均核重 4.04 克。

图 74　新球蜜荔田间树形

❀ 产量表现

种植规格 4 米，折亩植 41 株。平均单株商品果 21.44 千克，平均单果重 32.6 克，折合亩产 879.04 千克。

❀ 栽培要点

（1）采后修剪要在 6 月底前完成，可先施肥，后修剪。宜轻剪，不可重回缩；剪去结果母枝，疏除过密枝、病虫枝、干枯枝和交叉枝。

（2）10 月开始采取控梢措施，抑制秋梢生长，促进花芽分化。

（3）秋梢肥是全年的施肥重点，此时期氮肥的施用量占全年氮肥施用量的 50%，磷肥施用量占全年的 30%，钾肥施用量占全年的 25%，同时要配合有机肥的施用。

图 75　新球蜜荔挂果状

图 76　新球蜜荔果实特写

（4）2 月中下旬开花，开花期间进行果园放蜂以利于授粉受精；谢花时喷施荔枝保果素 1 次，每包加水 25 千克，加氨基酸肥料 50 毫升。

22. 玉谭蜜荔

由海口雷虎果业有限公司、中国热带农业科学院热带作物品种资源研究所、中国热带农业科学院环境与植物保护研究所选育。

☙ 特征特性

6月上旬成熟；树体生长势强，三年生树平均树高 1.9 米；小叶 2~3 对，对生，叶片直，叶缘平，颜色浓绿；果实近圆形，果皮鲜红色至紫红色，果肩平，果顶浑圆，龟裂片隆起，较小，排列较整齐，裂片峰平滑至微尖，缝合线两侧裂片峰钝尖，缝合线不明显，果实纵径 3.26 厘米，横径 3.52 厘米，果核大，平均果核重 2.9 克，平均单果重 20.58 克；可食率 74.5%，可溶性固形物含量 15.96%。

图 77　玉谭蜜荔田间树形

图 78　玉谭蜜荔挂果状

图 79　玉谭蜜荔果实特写

∽ 产量表现

种植规格 4 米，折合亩植 55 株。每株平均采商品果 120 个，正常果平均 0.67 千克，败育果平均单果重 0.30 千克，败育果比例占 85%，折合亩产 2 343 千克。

∽ 栽培要点

（1）修剪不宜过重，主要剪去结果母枝，疏除过密枝、病虫枝、干枯枝和交叉枝。可先施肥，后修剪。

（2）10 月需采取控梢措施，抑制秋梢生长，促进花芽分化。控梢药剂可选用多效唑 25~40 克 + 乙烯利 15 毫升 + 水 15 千克喷施。

（3）选择 5~10 厘米的主枝或骨干枝进行环状或螺旋状环割，深达木质部。

（4）秋梢肥是全年施肥重点，此期氮肥占全年氮肥施用量的 50%，磷肥施用量占全年的 30%，钾肥施用量占全年的 25%，同时要配合有机肥施用。

（5）对花穗进行适当短截，控制花穗长度 10~15 厘米；谢花时喷荔枝保果素 1 次，每包加水 25 千克，加氨基酸肥料 50 毫升。

23. 琼荔 1 号

由海南省农业科学院热带果树研究所、中国热带农业科学院热带作物品种资源研究所、中国热带农业科学院环境与植物保护研究所选育。

☙ 特征特性

树姿半开张，树干灰褐色，表皮较光滑，新梢黄绿色，老熟后黄褐色至灰褐色；小叶 3 对，叶片椭圆形，嫩叶呈紫红色至淡红色，成熟叶片深绿色，叶对生，叶片比对照荔枝品种紫娘喜略大，叶基钝形，叶缘平直无波浪，叶尖急尖；圆锥形花穗，花枝较细，花穗轴绿色，侧穗多呈蝶翅状对生，也有部分互生，雄蕊 5~7 枚，子房呈淡绿色，子房室明显，柱头浅裂，呈羊角形；果实心形或歪心形，纵径 43.06 毫米，大横径 44.59 毫米，小横径 42.26 毫米，果形指数 0.97，成熟果实黄绿色，完熟后逐渐转为深红色，果顶浑圆，果基微凹，果肩一平一耸，龟裂片呈不规则多边形凸起，裂片峰无明显尖突，多为钝形，龟裂纹较宽，纹路清晰，缝合线较深，种子呈棕褐色，平均单粒种子重 3.87 克，焦核率低于 10%，

图 80　琼荔 1 号田间树形

果肉白蜡色，肉厚 1.2~1.5 厘米，肉质爽脆、细嫩，风味浓甜，并具有较浓郁的特殊香气，平均单果重 37.12 克；可溶性固形物含量 19.50%，总糖含量 16.80%，可食率 70.80%。

图 81　琼荔 1 号挂果状

☙ 产量表现

建园第三年开始挂果，第四年株产 5.0 千克左右，第五年株产 7.5 千克，第六到第七年株产 10.0~15.0 千克，进入盛果期后，每亩产量超过 1 000 千克。

图 82　琼荔 1 号果实特写

☙ 栽培要点

（1）可选用白糖罂、怀枝、紫娘喜或海南本地荔枝实生苗作砧木，常采用切接法培育嫁接苗。

（2）栽植行株距 4 米 × 3 米，前期适当密植可提高早期产量。待树冠扩大后可适度间伐，行株距调整为 6 米 × 4 米或 8 米 × 6 米。

（3）适宜培育成半圆头或扁圆头形树冠。树高 40~60 厘米即可定干，选留分布均匀、长势均衡的 3~5 条枝条培养为主枝。

（4）末次梢的最佳萌发时间是 9 月下旬，在 11 月上中旬完成老熟，11 月下旬至翌年 1 月上旬进入控梢期。一般在控梢期闭口环割或螺旋环剥 1 次有利于花芽分化。

（5）抽梢期注意做好绿额翠尺蠖、佩夜蛾等食叶性害虫的防治，开花前后注意防治荔枝椿象和荔枝霜疫病。

24. 桂荔 1 号

由广西农业科学院园艺研究所、广西壮族自治区平南县官成荔丰园荔枝种植专业合作社选育。

☙ 特征特性

花期 4 月上中旬，果实成熟期为 7 月上中旬；树冠圆头形，树干表面光滑，呈灰褐色；小叶立面对生，对数 3 对，复叶柄横断面心形，小叶长椭圆形，叶尖长尾尖，叶基楔形，叶缘呈平直状，侧脉不明显；花序形状为长圆锥形，有雄花、雌花两种；果实心形，果肩双肩隆起，果顶浑圆，果皮鲜红，厚度 1.91 毫米，果皮缝合线浅；龟裂片排列不均匀，较大，裂片峰形状平滑，果肉质地软滑，蜡白色，色泽均匀，无杂色，干苞，纵径 31.99 毫米，大横径

图 83　桂荔 1 号田间树形

37.73 毫米，小横径 33.72 毫米，平均单果重 29.0 克；可食率 68.0%，可溶性固形物含量 18.0%。

图 84　桂荔 1 号挂果状

☙ 产量表现

2014 年 7 月对平南县官成镇官成村白虎头果园 1994 年种植的第二代桂荔 1 号嫁接苗结果株进行现场查定，平均穗重 345.1 克，平均单果重 29.0 克，平均株产 199.8 千克，平均亩产 2 197.8 千克。

图 85　桂荔 1 号果实特写

☙ 栽培要点

（1）选择土壤疏松、土层深厚的缓坡地或丘陵山地建园，行株距 8 米 ×7 米。

（2）整形修剪，培养结果母枝，控梢促花保果。

（3）重点抓好壮花肥、壮果肥、采果前肥和攻秋梢肥的施用，土施与根外追肥相结合。

（4）在抽梢期、花期、幼果期和果实近成熟期要注意防治荔枝霜疫霉病，3—4 月注意防治荔枝椿象，果实开始着色时注意防治蒂蛀虫。

25. 桂荔 2 号

由广西农业科学院园艺研究所、广西壮族自治区灵山县水果局选育。

❧ 特征特性

花期 3 月下旬至 4 月上旬，果实成熟期为 6 月下旬至 7 月上旬；树冠圆头形，树干表面光滑，呈灰色；小叶立面互生，复叶柄横断面扁心形，小叶椭圆形，叶尖渐尖，叶基楔形，叶缘呈平直状；花序长圆锥形，雄花花萼形状为碟状，半展开，雌花雌蕊 1 枚，二裂柱头深裂，雌花花萼形状为碟状，半展开；果实近圆球形，果肩平，果顶浑圆，果皮鲜红，果皮缝合线明显，龟裂片排列整齐不均匀，较大，裂片峰形状楔形，果肉质地软滑，蜡白色，色泽均匀，味清甜，平均单果重 38.0 克；可食率 75.8%，可溶性固形物含量 19.5%。

图 86 桂荔 2 号田间树形

☙ 产量表现

2001 年在灵山县石塘镇文明果场种植 700 株，2015 年平均株产 63 千克，平均亩产 1 390.8 千克；2002 年在灵山县烟墩镇妙庄村种植 34 株，2005 年平均株产 55 千克；2004 年在灵山县新圩镇那东村种植 56 株，2014 年平均株产达 61 千克；2005 年在灵山县石塘镇俄境村种植 147 株，2014 年平均株产达 49 千克。

图 87 桂荔 2 号挂果状

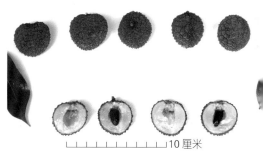

图 88 桂荔 2 号果实特写

☙ 栽培要点

（1）行株距 6 米 × 5 米。穴中施入有机肥 150~200 千克，并在基肥中加入 0.5~1 千克钙镁磷肥。

（2）定干高度 30~40 厘米，培养 3~4 个主枝。

（3）控梢促花保果、合理肥水管理，第二次生理落果结束后开始套袋。

（4）抽梢期、花期、幼果期和果实近成熟期要注意防治荔枝霜疫霉病，3—4 月注意防治荔枝椿象，果实开始着色时注意防治蒂蛀虫。

26. 翡脆荔枝

由广东省农业科学院果树研究所、广东省茂名市水果科学研究所、广东省茂名市电白区水果局选育。

❧ 特征特性

易成花、花量适中，果实于6月中下旬成熟；果实中等大，心形，果皮红带黄色，果肩平，果顶浑圆，龟裂片平，排列不整齐，裂片峰钝尖，裂纹浅而窄，缝合线明显，果肉爽脆，蜡白色，平均单果重22.2克，小核率93%以上；理化品质检测结果：可溶性固形物含量18.3%，可食率80.5%，总糖含量15%，每100克果肉维生素C含量27毫克，可滴定酸含量0.1%。

图89 翡脆田间树形

图90　翡脆挂果状　　　　　图91　翡脆果实特写

❀ 产量表现

生理落果少，裂果率低，丰产稳产。压条苗定植第三年、第四年和第五年平均株产分别为 4.8 千克、8.4 千克和 9.7 千克，折合亩产分别为 124.8 千克、218.4 千克和 252.2 千克。

❀ 栽培要点

（1）选择黑叶、怀枝作嫁接砧木，春季或秋季嫁接。

（2）丘陵山坡地在种植前进行深翻改土，挖深坑种植，分层施入有机肥，当苗抽发 2 次梢后便可移植，株行距 5 米×6 米，亩植 20 株左右。

（3）结果树采后一个月内完成修剪，8 月上中旬及 9 月下旬各放 1 次梢。

（4）末次秋梢老熟后，在大枝上进行环割或螺旋环剥控梢促花，果实发育期合理施肥，以腐熟有机肥为主，第二次生理落果后进行疏果，每穗留 10 粒小果。

（5）枝梢生长和果实发育期注意防治霜疫霉病及蒂蛀虫等病虫害。

二、荔枝高接换种技术

高接换种技术是利用嫁接方法将植株树冠更换的技术，是果树品种快速更新的有效途径。目前，高接换种在我国荔枝产业中具有很大的需求。

（一）产业背景与需求

我国荔枝经历 20 世纪 80—90 年代的迅猛发展，产业规模趋于稳定，但产量仍呈增长之势，产业结构也仍在不断优化，包括区域布局、经营主体、品种结构、生产技术、产业链衔接等在不断调整和完善，产业效益仍然有很大的提升空间。其中，品种结构不合理、传统品种比例过大，以及传统产区果园密蔽、树体过高、不便管理是限制产业效益提升的主要因子。

1. 品种结构不合理

我国虽然有超过 300 个荔枝品种（系）的记载，但商业生产的品种仅十余个，主栽培品种中品质一般的黑叶、怀枝和妃子笑占据三分之二，在广东和广西传统产区，这一比例更大。品种单一导致

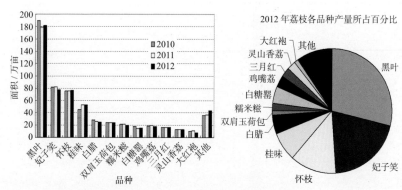

图 92　我国荔枝品种结构（数据由国家荔枝龙眼产业体系提供）

了集中采收上市，加大了"季节性过剩"带来的销售问题，导致鲜果价格乃至产业效益进一步降低。因此，品种改造势在必行。

2. 老龄化果园改造如火如荼

（1）果园的郁蔽

我国荔枝产业规模在 20 世纪 80—90 年代迅猛增长，面积从 1980 年不足 3 万公顷，发展到 2000 年 58 万公顷，此后面积相对稳定。因此，我国传统产区绝大部分荔枝园树龄已经在 20 年以上，树体高大，树冠封行，果园郁蔽严重，加上长期采用疏除内堂枝条、保持圆头形树冠的传统修剪方式，树冠严重上移，单株结果面积减少，不利于管理和采收，导致果园生产效率和效益显著下降。

图 93　茂名一大规模荔枝园，远眺看似郁郁葱葱，实际已经郁蔽（王泽槐提供）

荔枝新品种和高接换种技术图说

图 94　郁蔽园树冠周边交叉，内堂荫蔽不透光，树冠和结果部位上移（王泽槐提供）

图 95　郁蔽果园树冠内堂空虚，结果部位上移，这种树形结果面积小，产量低（王泽槐提供）

图 96 郁蔽果园树体高大导致果树管理和采收难（黄旭明和王泽槐提供）

（2）郁蔽果园是病虫的"天堂"

郁蔽果园提供了阴暗潮湿的环境，有利于病虫害的滋生，加上郁蔽园病虫管理难度大，因此，郁蔽园蛀蒂虫、叶瘿蚊、瘿螨、霜霉等病虫害发生严重。

图 97 郁蔽果园环境为病虫害滋生提供了有利条件

（3）老龄化郁蔽果园成为改造重点

图 98　间伐改造果园后，通风透光良好，也方便田间操作

图 99　通过重回缩，压低树冠，改善果园的光环境

图 100　间伐结合重回缩修剪改造果园

图 101　郁蔽果园的改造也为品种更新提供了良机，高接换种是果园品种改造的有效手段

（二）高接品种选择

1. 嫁接的亲和性

荔枝的嫁接要考虑品种的亲和性。如表1，根据情况合理选择优良品种进行嫁接。嫁接亲和性强的砧穗组合，嫁接口平滑，接穗枝条长势强，很快形成树冠。嫁接亲和性弱的砧穗组合，表现为嫁接后接穗枝条长势弱，顶端优势减弱，常出现丛枝现象，并有叶片黄化，嫁接口上端膨大。偶见砧木大而接穗小的情况。

表1　不同品种亲和性对比

砧木品种	亲和性好的嫁接品种	亲和性弱的接穗品种
黑叶（乌叶）	鸡嘴荔、妃子笑、三月红、雪怀子、草莓荔、贵妃红、脆绿、双肩玉荷包	糯米糍、井岗红糯、岭丰糯、庙种糯、白糖罂、钦州红荔、江口荔
妃子笑	三月红	桂味、糯米糍、岭丰糯、井岗红糯、白糖罂、庙种糯、红蜜荔
怀枝	广亲和	—
双肩玉荷包	马贵荔、妃子笑、草莓荔、无核荔、庙种糯、荷花大红荔、鸡嘴荔	桂味、糯米糍、岭丰糯、井岗红糯、白糖罂、三月红
白腊、白糖罂	广亲和	—
大造（大红袍）	妃子笑、黑叶	糯米糍类及白糖罂、钦州红荔、鸡嘴荔、雪怀子、三月红、桂味
下番枝	井岗红糯	—
三月红	妃子笑、黑叶	桂味、糯米糍、钦州红荔

图 102　亲和砧穗组合：无核荔 / 双肩玉荷包

图 103　嫁接亲和的砧穗组合：鸡嘴荔 / 双肩玉荷包

图 104　嫁接亲和性弱的砧穗组合：井岗红糯／黑叶；鲜见的荔枝砧木大接穗小的不亲和现象（接穗为大红袍，砧木未知）

图 105　弱亲和砧穗组合：岭丰糯／黑叶，叶黄化和丛枝现象

图 106 弱亲和组合：桂味 / 妃子笑，接口膨大，植株长势极弱，树冠形成慢

在一些亲缘关系较远的品种间嫁接才会出现不存活现象。如特早熟的三月红高接在迟熟的双肩玉荷包上，成活率低，抽发的新梢长势差，存活时间短，与嫁接口愈合不良有关。

实际上荔枝品种间真正不亲和的品种组合并不多见，很少有嫁接不存活的现象。如桂味和妃子笑相互嫁接都可存活，但桂味接在妃子笑长势极差，而妃子笑接在桂味长势强。

2. 接穗品种的选择

可优先考虑优质、高产、抗裂的"第二代糯米糍",如井岗红糯(迟熟)、岭丰糯(迟熟)、仙进奉等。这些品种得到农户的好评,发展势头迅猛。

图107 "第二代糯米糍"井岗红糯(左)和岭丰糯(右)果实

图108 井冈红糯丰产树结果状

图 109　岭丰糯丰产树结果状

（三）高接换种前的准备

1.接穗选择与采集

选择综合性状优、竞争力强、适宜当地的品种的健壮、芽眼饱满、老熟的外围枝条，芽眼将萌动或刚萌动的为优，也可先行打顶促芽眼萌动。

接穗采集后尽快嫁接，如不能尽快嫁接，应做临时保存，将接穗压条与树叶包扎于塑料袋内，纸箱包装，放置阴凉处。可存放3~5天，不致失活。

图110 顶芽刚萌动的优质接穗

图 111　接穗压条的包装

2. 砧木的准备

一般采用回缩修剪的大枝桩上直接高接，在齐胸高主干或主枝的适当部位锯去顶部，在径粗 3~4 厘米大枝或主枝锯断，锯口保留 > 15 厘米比较光滑的桩头，以备嫁接处理。注意，锯断大枝倒下时

图 112　理想的枝条锯口应光滑平整，树皮完整（左），锯口树皮破损（中）或"起毛"（右）均不利于嫁接成活，应尽量避免

常会扯裂枝条下端的树皮，这会扩大产生脱水的伤口，不利嫁接成活，须尽量避免。可以在枝条下端先锯出深达 1/3~1/2 的锯口；然后在锯口稍微偏上的部位自上而下锯断树枝，枝条倒下时，树皮扯裂的部位止于锯口；再修平枝桩上的锯口，即可实施高接。

3. 大枝接还是小枝接的选择

经过多年的观察，在大枝上进行高接，根系养分集中供养接穗，长势强，树冠形成快，甚至可以克服亲和性弱的问题。而高位

图 113　在同一株上进行大枝桩嫁接（粗箭头示）和小枝桩上嫁接（细箭头示）

的小枝桩高接，操作虽方便，但浪费接穗，还可能存在亲和性差的
风险！

图 114　重回缩后在大枝桩高接过程。注意，在大枝桩上嫁接，应避免在下位（图中红圈所示）嫁接，因为砧木伤口产生的伤流会汇积在下位的嫁接口处，导致嫁接部位滞液缺氧，不利成活

图 115　大枝桩上高接，接穗长势旺，克服亲和性弱的问题，图为井岗红糯高接在黑叶上一年生枝条长势情况

图 116　小枝桩上高接亲和性弱的品种长势弱。图为井岗红糯高接在黑叶上六年生枝条，箭头示膨大的嫁接口

图 117　高位小枝桩嫁接，操作难，浪费接穗，不利于今后回缩修剪

4.嫁接注意的问题

注意保留 1~2 条居中的抽水枝，具有几方面的好处：第一，抽水枝通过叶片蒸腾，可减少枝条锯口的伤流发生，防止嫁接口因伤流滞留而缺氧进而导致失活的现象；第二，可以为根系提供养分，缓解嫁接树营养和水分的失衡；第三，抽水枝可为基部嫁接枝提供遮阴，防止暴晒导致的裂皮现象。

图 118 保留 1~2 条居中的抽水枝

（四）高接换种的时期

以春、夏季及早秋季节为高接主要适宜时期。高接时应回避寒潮天、北风天、中午烈日高温、雨后土壤过湿或低温阴雨天气等不利于嫁接的天气。

（五）嫁接方法

1. 小枝桩嫁接技术

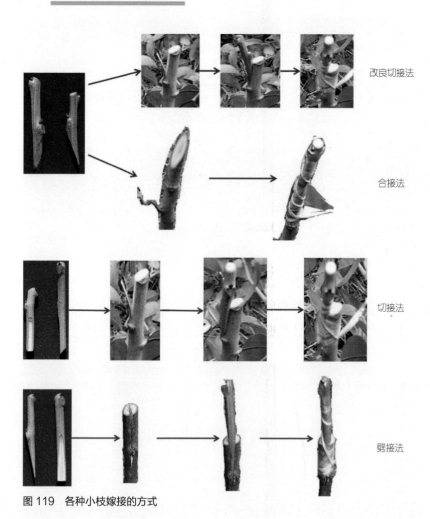

图 119　各种小枝嫁接的方式

2. 小枝梢上直接嫁接

图 120　在紫娘喜的一个小枝上嫁接岭丰糯局部树冠更换

3. 重回缩植株小枝桩嫁接

在齐胸高将大枝锯断，用干净的薄膜包扎锯口，让潜伏芽长出新梢，新梢达到嫁接要求粗度后，才进行嫁接。这往往需要半年

图 121　重回缩修剪长出新梢后进行嫁接

时间。

改进建议：提前进行开心修剪、环割等处理，促进树体内堂抽发新梢，待其长到适合粗度后，即可高接，而短截时间灵活掌握。

（六）高接换种后的栽培管理

1. 做好防晒工作

重回缩修剪后树桩无叶幕遮阴，在阳光下暴晒，出现裂皮，可导致树势衰弱。

图 122　无防护的高接树，树皮开裂，不利接穗新梢抽发，甚至导致树桩衰退死亡

图 123　用修剪下的枝叶遮阴保护树桩

图 124　枝干刷白防日灼（南非）

2. 做好防蚁工作

要防止蚂蚁咬破薄膜，可用神奇药笔涂抹主干，或用敌敌畏等对树根和整个树喷施，预防、驱避或毒杀蚂蚁。

3. 排灌与施肥

在湿度较高的春季高接，嫁接前后 1 周，不宜过度灌水，否则会增加锯口的伤流，不利于嫁接口愈合；但在天气干燥的秋季嫁接，可以适度灌水，促进萌芽。接穗萌发后的第一次新梢老熟后，即可开始施肥，以后每次梢期施 1~2 次肥，旱时灌水，涝时排水，防止过干过涝。

4. 检查成活与及时补接

嫁接后 30~40 天要检查是否成活，不成活的及时补接。

5. 控制砧木不定芽的生长及剪除抽水梢

图 125　抹除砧木枝桩长出的不定梢，让接穗曝光，有利于接穗芽萌发

砧木枝桩上的不定芽长势强于接穗芽，竞争养分，也会很快覆盖接穗，使之荫蔽，进而不利于接穗枝梢生长。因此，接口以下长出的大部分不定芽或新梢要及时抹除。在大枝桩上可留 1~2 条梢作抽水梢。接穗抽梢后，可以抹除这些抽水梢。待接穗抽发 3 批梢并成熟时，就可以将抽水梢剪除。

6. 病虫害防治

每一次新梢抽发时，应喷 1~2 次 90% 敌百虫 800 倍液或 40% 乐果 1 000 倍液防治荔枝椿象和卷叶虫、尺蠖。

图 126 大枝上嫁接抽发的头几批新梢，由于嫁接口未充分愈合，在强风下易折断，须做好防护措施

7. 防风支撑

暴风雨来临时，可适当剪除枝叶，或用竹竿支撑绑牢砧穗接合部，防止撕裂嫁接口。

8. 解缚

对不能穿膜的芽，要及时挑芽；缠缚固定接合部或兼起密封作用的塑料薄膜带，则在新梢老熟后从侧边切开解除；嫁接时加套塑料薄膜袋或塑料薄膜筒密封的，在接穗芽萌发后，要剪穿袋（筒）顶，使新梢顺利生长。

图 127　绑竹签固定接穗枝条，防止因强风而折断

图 128　嫁接口包扎膜未及时解除，嵌入愈合组织中，产生类似环扎效应